BEI GRIN MACHT SICH IHR WISSEN BEZAHLT

- Wir veröffentlichen Ihre Hausarbeit, Bachelor- und Masterarbeit

- Ihr eigenes eBook und Buch - weltweit in allen wichtigen Shops

- Verdienen Sie an jedem Verkauf

Jetzt bei www.GRIN.com hochladen und kostenlos publizieren

Doreen Kutschke

Krebs als Zivilisationskrankheit

Macht unsere Ernährung krank?

GRIN Verlag

Bibliografische Information der Deutschen Nationalbibliothek:

Die Deutsche Bibliothek verzeichnet diese Publikation in der Deutschen National-
bibliografie; detaillierte bibliografische Daten sind im Internet über http://dnb.d-
nb.de/ abrufbar.

Dieses Werk sowie alle darin enthaltenen einzelnen Beiträge und Abbildungen
sind urheberrechtlich geschützt. Jede Verwertung, die nicht ausdrücklich vom
Urheberrechtsschutz zugelassen ist, bedarf der vorherigen Zustimmung des Verla-
ges. Das gilt insbesondere für Vervielfältigungen, Bearbeitungen, Übersetzungen,
Mikroverfilmungen, Auswertungen durch Datenbanken und für die Einspeicherung
und Verarbeitung in elektronische Systeme. Alle Rechte, auch die des auszugsweisen
Nachdrucks, der fotomechanischen Wiedergabe (einschließlich Mikrokopie) sowie
der Auswertung durch Datenbanken oder ähnliche Einrichtungen, vorbehalten.

Impressum:

Copyright © 2010 GRIN Verlag GmbH
Druck und Bindung: Books on Demand GmbH, Norderstedt Germany
ISBN: 978-3-656-10479-7

Dieses Buch bei GRIN:

http://www.grin.com/de/e-book/187090/krebs-als-zivilisationskrankheit

GRIN - Your knowledge has value

Der GRIN Verlag publiziert seit 1998 wissenschaftliche Arbeiten von Studenten, Hochschullehrern und anderen Akademikern als eBook und gedrucktes Buch. Die Verlagswebsite www.grin.com ist die ideale Plattform zur Veröffentlichung von Hausarbeiten, Abschlussarbeiten, wissenschaftlichen Aufsätzen, Dissertationen und Fachbüchern.

Besuchen Sie uns im Internet:

http://www.grin.com/

http://www.facebook.com/grincom

http://www.twitter.com/grin_com

Krebs als Zivilisationskrankheit

Macht unsere Ernährung krank?

Coverbild: pixabay.com

Inhaltsverzeichnis

1. Einleitung 3
2. Zivilisationskrankheit Krebs 5
   - 2.1 Ursachen von Krebs 8
   - 2.2 Krebs ist Zell-Entartung 11
3. Selektion der Nahrungsmittel 13
   - 3.1 Kulturelle Unterschiede 14
   - 3.2 Nahrungsmittelindustrie 15
4. Gesunderhaltung durch Nahrung 18
   - 4.1 Die Wirkung bestimmter Nahrungsmittel 24
   - 4.2 Nahrungsmittel vs. Nahrungsergänzungsmittel ... 28
5. Bewusstsein und Identität 30
6. Resümee 31

Quellenangaben 37

1. Einleitung

Noch vor 200 Jahren lebten die Menschen des Abendlandes in unsicheren Verhältnissen. Krieg, Raub und Unterdrückung waren allgegenwärtig und der tägliche Kampf ums Überleben lag an der Tagesordnung. Auch noch vor 100 Jahren und weniger, gab es durch Krieg und Hungersnöte den natürlich ausgeprägten Flucht- und Jagdinstinkt der Bevölkerung.

Dank der aufstrebenden Wirtschaft der letzten Jahrzehnte und dem Überfluss an Nahrung verkümmern die natürlichen, menschlichen Instinkte allmählich. Der Mensch hat (außer Naturkatastrophen) keine natürlichen Feinde und wird kaum noch Extremsituationen ausgesetzt. Das Volk wird gefüttert. Supermärkte bieten reichhaltige Angebote und der Einzelne kauft ein, meistens ohne sich Gedanken darüber zu machen, woher die verpackte Nahrung kommt oder wie sie verarbeitet wurde.

Wir kaufen Fleisch, das von Tieren stammt die mit Antibiotika und weiteren Medikamenten behandelt wurden. Verpackte Wurst besteht aus Fleischmix, Konservierungsstoffen, Zucker und künstlichen Aromen. Obst und Gemüse werden gespritzt oder auf künstlichen, nährwertlosem Untergrund heran-gezüchtet.

Roggenbrot besteht zu 70% aus ungesundem Weizenmehl, Käse gibt es bereits künstlich hergestellt und 50g Joghurt beinhalten 30g Zucker.

Die Nahrungsmittelindustrie verschleiert Inhaltsstoffe und Verarbeitungswege, nimmt kaum Rücksicht auf das menschliche Wohlbefinden und den eigentlichen Bedarf an Nährstoffen.

Zivilisationskrankheiten sind die Antwort auf eine ungesunde Lebensweise, Stress und Unwissenheit der Einzelnen.

In dieser Arbeit möchte ich einen kleinen Einblick in das Thema Krebs als Zivilisationskrankheit und Prävention durch eine bewusste Ernährung geben.

2. Zivilisationskrankheit Krebs

Menschen fürchten den Tod. Viele haben Angst vor Umweltkatastrophen, Unfällen oder Krankheiten. Während die Chance von einem Blitz getroffen zu werden nur 1:350.000 besteht und das Risiko in einem Verkehrsunfall zu sterben bei 1:7.000 liegt, besteht heutzutage eine Möglichkeit von 1:3 an Krebs zu erkranken und auch daran zu sterben.

Zehn Millionen Menschen, von denen knapp sieben Millionen sterben, erkranken jährlich weltweit an Krebs und kosten dem Gesundheitssystem schätzungsweise über 100 Milliarden Euro im Jahr. (vgl. Béliveau und Gingras, S.19ff.)

In Deutschland erkranken, laut Aussage des Statistischen Bundesamtes, jährlich über eine Million Menschen an Krebs, Tendenz steigend.

In Frankreich erliegt mittlerweile jeder Zweite dieser Krankheit, weshalb 2006 der damalige Präsident Jaques Chirac einen Krebsplan ins Leben rief und somit eine Staatsangelegenheit daraus machte. Eben dies tat bereits Präsident Nixon 1971 in Amerika, als er eine „Kriegserklärung gegen den Krebs" ausrief und ca. zwei Billionen Dollar in die Krebsforschung investierte. (vgl. Ulmer, S.7ff.)

In Deutschland verfügt jedes einzelne Bundesland über mindestens eine Krebsgesellschaft. Es existieren 26 onkologische Arbeitsgruppen, sowie 11 Stiftungen zur Unterstützung von Krebserkrankten.

Weiterhin arbeiten verschiedene Tumorzentren und hämatologische Gesellschaften an Forschung und Weiterentwicklung für die Heilung dieser Krankheit. (vgl. krebs-wegweiser.de)

Obwohl es bereits zu spät ist wenn schon von Heilung gesprochen werden muss. In der Prävention liegt der Sinn der Sache. Die meisten Menschen werden gesund geboren, wie ist es also möglich gesund zu bleiben?

„*Sie verstehen sicher, dass ein kranker Baum auch nur kranke Früchte erzeugt, dass böse Worte nur böse Antworten bewirken? Wenn wir diese Denkweise auf unseren Organismus übertragen, wird einem klar, dass eine Krebserkrankung auch eine Antwort auf ein negatives Verhalten des Patienten sein kann.*"

(Carson, S.108)

2.1 Ursachen von Krebs

Wer darüber nachdenkt, woher die Krankheit Krebs kommt und wer sie bekommen kann lässt sich meist von dem Trugschluss beirren, dass wir als Menschen völlig unkontrollierbaren Faktoren ausgesetzt sind. Zum Beispiel glauben 89 Prozent der Bevölkerung, dass die Krankheit vererbt wird und somit eine genetische Veranlagung besteht. Mehr als 80 Prozent der Bevölkerung glaubt, dass Umweltverschmutzung und Pestizide in den Lebensmitteln die Auslöser sind. Tatsächlich liegen die größten Risikofaktoren zu erkranken mit 30 Prozent beim Rauchen und ebenfalls mit 30 Prozent in Ernährungsdefiziten.

Nur 15 Prozent Risiko stecken in genetischen Faktoren und nur 2 Prozent in Umweltverschmutzung. Im Großen und Ganzen entziehen sich nur etwa 30 Prozent der krebsauslösenden Faktoren unserem Einfluss.

Die überwiegenden 70 Prozent haben jedoch unmittelbar mit unseren Lebensstil zu tun und resultieren aus Fettleibigkeit, Bewegungsmangel, Süchten und Ernährungsgewohnheiten. (vgl. Béliveau und Gingras, S.21ff.)

Jede Krebserkrankung, egal welches Organ sie befällt, hat nicht nur eine Ursache – es ist immer ein mehrstufiger Prozess.

Sieben hauptsächliche Gründe die für ein krankhaftes Milieu im menschlichen Organismus sorgen und damit Zellentartung auslösen können, sind die **Übersäuerung** des Körpers durch einen Mangel an lebendiger Nahrung, was zu **Sauerstoffnot** und der wiederum zu **Energiemangel** führen kann. Weiterhin führt psychischer und physischer **Dauerstress** zu **Adrenalinmangel**, der wiederum einen **Mineralmangel** im Organismus herstellt – was im Endeffekt zu einer **Immunschwäche** führt. (vgl. Ulmer, S.12f.)

„Wenn Krankheiten aus einer falschen Lebensweise entstehen, können sie durch eine richtige Lebensweise wieder geheilt werden."

(Hippokrates)

2.2 Krebs ist Zell-Entartung

Was genau ist Krebs eigentlich? Wer daran denkt, denkt an Geschwulste und Tumore die herausoperiert werden müssen. Aber bis es dazu kommen kann muss erst einige Zeit vergehen. Krebs ist ein schleichender Prozess, der seinen Anfang in einer gesunden Zelle des Organismus nimmt.

Der Mensch besitzt mehr als 60.000 Milliarden Zellen von denen in einer Minute um die zehn Millionen absterben und auch wieder neu gebildet werden.

Im Bezug auf die Bildung von Krebs spielen vier Hauptbestandteile der Zelle eine wesentliche Rolle: der Zellkern, die Proteine, das Mitochondrium und die Zellmembran.

Der Zellkern ist der Ort an dem die Gene, also die DNS, gelagert werden und der für die Produktion von Proteinen zuständig ist, welche ausreichend Zuckerreserven transportieren, um das Überleben der Zelle zu sichern.

Die Proteine transportieren Nährstoffe aus dem Blutkreislauf und wandeln diese um. Sie kommunizieren mit der Umgebung und informieren die Zelle ob es Veränderungen gibt. Bei einem Krebsgeschwür schotten sich kranke Zellen von den gesunden ab und sind somit nicht mehr an Kommunikation und Information beteiligt.

Das Mitochondrium verwandelt mit Hilfe von Sauerstoff die Energie aus der Nahrung in zelluläre Energie. Dabei werden freie Radikale als Abfallprodukt freigesetzt, die den Körper bei fehlender Abwehr schädigen können.

Die Zellmembran ist eine Art Filter der die Zelle vor unerwünschten Eindringlingen schützt. Diese Struktur ist lebenswichtig für den Zellkern.

Alle Zellen im Organismus leben in einer Art Gemeinschaft, in der sie Arbeitsteilung betreiben und Gesetze befolgen. Sie haben jedoch die Fähigkeit ihre Gesetze zu ändern und damit Genmutationen hervorzurufen. Dies geschieht, wenn eine Zelle einer Aggression von außen ausgesetzt ist, z.B. die übermäßige Sonneneinstrahlung auf eine Hautzelle oder Nikotin, das auf die Schleimhautzellen trifft. (vgl. Béliveau & Gingras, S.41ff.)

Die Zelle modifiziert die Gesetze der Gemeinschaft um ihr eigenes Überleben und das ihrer Nachkommen zu sichern. Da sie sich von den gesunden Zellen abkapselt, muss sie Energie ohne Sauerstoff gewinnen und schaltet somit auf Gärung, also saures Milieu um.

Das Mitochondrium zerfällt, die Aufnahme von Zucker steigt um das 19-fache und die Zelle übersäuert. Ohne Information von außen besinnt sie sich nun auf ihren Urinstinkt, das Wachsen.

Täglich kann der Mensch etwa 40.000 Krebszellen ausscheiden, ohne zu erkranken. Jeden Tag kämpft der menschliche Körper mit dem Krebs – und solange das Immunsystem intakt ist, besteht keine Gefahr den Kampf zu verlieren. (vgl. Ulmer, S.16ff.)

3. Selektion der Nahrungsmittel

Dank der Arbeit unserer Vorfahren wissen wir heute welche Nahrungsmittel uns die Natur zur Verfügung stellt. Welche davon genießbar und welche für den Menschen giftig sind. Schon im Steinzeitalter der Jäger und Sammler wurde selektiert. Sammlerinnen brachten Beeren, Knollen, Pilze, Nüsse und vieles mehr nach Haus und konnten durch das Beobachten von eventuellen Vergiftungserscheinungen ungenießbare Pflanzen und Früchte ausschließen. Dieses Ausschlussverfahren erstreckt sich über Jahrtausende und sicherlich waren Beobachtungen des Fressverhaltens der Tiere oft eine Hilfe für die menschliche Gattung.

Als der Mensch etwa ab 13.000 v.Chr. sesshaft wird, beginnen der Ackerbau und die Viehzucht – wieder eine Art der Selektion durch die sich bildende Gesellschaften die Möglichkeit haben Nahrung anzubauen und für schlechte Zeiten zu lagern. (vgl. calsky.com)

Wissen, das aus jahrelanger Erfahrung gewonnen wurde, wird weitergegeben an die nachfolgenden Generationen. Ernährungsverhalten werden zum Teil anerzogen und mit fortschreitender Globalisierung und technischem Fortschritt evolutioniert.

Die spezielle Selektion nimmt einige tausend Jahre später ihren Anfang in den Gartenanlagen von Klöstern. Ab etwa 700 n.Chr. werden Heilpflanzen und Kräuter gezüchtet und mit ihnen gehandelt. Ab dem 16Jh., mit der Entdeckung Amerikas werden auch importierte

Pflanzen wie Tomaten, Mais und Paprika angebaut. Im Austausch dagegen verbreiten sich nun auch Getreide und andere europäische Pflanzen in der Welt. (vgl. garten-sonnenuhr.org)

Da es bis vor einigen Jahrzehnten noch keine industriell gefertigten Medikamente gab, dienten Dinge aus der Natur als Heilmittel. Bestimmte Pflanzen und Kräuter, sowie der Verzicht auf tierische Eiweiße oder das Fasten galten als heilend und wurden auf verschiedene Weise bei unterschiedlichen Krankheiten eingesetzt.

3.1 Kulturelle Unterschiede

Warum essen wir? Welche Funktion hat eigentlich unsere Nahrungsaufnahme? Einen offensichtlichen Unterschied kann man erkennen, bei dem Vergleich von östlicher und westlicher Ernährungskultur.

Die östliche Lebensweise beinhaltet den ganzheitlichen Ansatz was bedeutet, dass die Nahrungsaufnahme dazu dient die Gesundheit zu fördern und Krankheiten vorzubeugen. Das westliche Denken ist dagegen analytisch und auf Details fixiert.

Auf der Suche nach kausalen Zusammenhängen trennt es Zusammengehöriges und verliert den Sinn für das Einheitliche. Nahrungsmittel werden untersucht und zerteilt in Werte für die Kalorien, den Fettgehalt, Vitamine, Proteine, Kohlenhydrate, Eiweiß, Mineralstoffe und Spurenelemente. (vgl. bewusst-sein.net)

Im Osten stehen überwiegend Obst und Gemüse, Soja und Fisch auf dem Speiseplan. Im Westen dagegen hat die Funktion des Essens hauptsächlich den Sinn der Energieaufnahme. Dazu gehört das Verspeisen von kalorienhaltigen Nahrungsmitteln wie Fleisch und

Milchprodukte. Die Häufigkeit der Krebserkrankungen liegt im Westen bei etwa 350 Fällen auf 100.000 Einwohner, während es im Osten nur 100 Fälle auf 100.000 Einwohner sind. (vgl. Béliveau und Gingras, S.24ff)

3.2 Nahrungsmittelindustrie

Dank des immer höher werdenden westlichen Standards und der immer schneller fortschreitenden Technologiesierung konnte sich unser Leben vereinfachen und positiv weiterentwickeln.

Die Industrialisierung in der Lebensmittelbranche jedoch führte eher zu negativen Trends durch die Massenproduktion von Lebensmitteln. Fleisch, Obst und Gemüse, Teigwaren und Milchprodukte müssen transportiert, gelagert, verarbeitet und verpackt werden. Das Produkt wird ultrahoch-erhitzt, tiefgekühlt oder es werden Zusatzstoffe zugeführt. Es muss bei verschiedenen klimatischen Bedingungen und auf lange Zeit keimfrei gehalten werden. Zusätzlich sollen die Betriebskosten dank Massenproduktion gesenkt werden und vor allem für den Verbraucher erschwinglich sein.

In den Supermärkten sind die Regale voll mit Instantsuppen, konservierten Gerichten in Dosen und unglaublich vielen Zuckerprodukten. Es herrscht ein Überfluss in dem niemand darüber nachdenken muss welche Konsequenzen z.B. ein Hamburger von Mac Donalds zum Abendbrot hat. Zudem gibt es die Möglichkeit bis spät in die Nacht an Fast Food Gerichte zu gelangen. Der permanent mögliche Zugang zum Lebensmittel verwischt die traditionellen Mahlzeiten und lässt den Hungrigen essen wann immer er sich danach fühlt.

Bei einem derartig reichhaltigen Angebot können viele den Hunger vom Appetit nicht mehr unterscheiden. Nahrungsaufnahme ist zur „Genuss-Sucht" geworden, sicherlich auch um den Stress des Alltags auszugleichen. Leider steigt proportional zum Genussmittelkonsum auch die Rate der Krebserkrankungen. Es stellt sich also die Frage, ob der Organismus des zivilisierten Menschen kompatibel ist mit den Lebensmitteln der modernen Welt.

„Lass die Nahrung deine Medizin sein und Medizin deine Nahrung"

(Hippokrates)

4. Gesunderhaltung durch Nahrung

Essen ist nicht nur ein Akt des Hungerstillens – Essen hat direkte Auswirkungen auf den Organismus. Haben wir also die Nahrung, die wir benötigen um unseren Körper gesund zu erhalten? Haben wir die Nahrung, die wir brauchen?

Nach der Meinung von Galina Schatalova, einer russischen Ärztin und Wissenschaftlerin, ist der menschliche Organismus in der Lage bis zu 140 Jahre alt zu werden, wenn er artbezogen die Nahrung einnimmt die ihm von der Natur bereitgestellt und vorgeschrieben wird. Die Menschheit könnte also gesund altern, wenn sie ihrem Organismus das zuführen würde was er braucht – und das weglassen würde was ihm schadet. Schatalova hat dazu eine Formel aufgestellt die sich aus der Energie berechnet, die ein Mensch in seinem Leben verbrauchen kann.

Die durchschnittliche verbrauchte Lebensenergiemenge beträgt 50.000.000 Kilokalorien. Diese teilt sie durch die Kalorienanzahl, die wir pro Tag höchstens benötigen, nämlich 1000 Kalorien. Das Ergebnis sind 137 Jahre die der Mensch alt werden könnte. Wendet man das Rechenbeispiel auf den Kalorienverbrauch der heutigen westlichen Esskultur an, dann müssten 50.000.000 Kilokalorien durch mindestens 2500 Kalorien pro Tag geteilt werden und das Ergebnis wären 50.000 Tage oder 55 Jahre.

Um sein Lebensalter steigern zu können muss der Mensch, der weder Raubtier noch Pflanzenfresser ist, zu seiner artgerechten Ernährung zurückfinden. Die menschliche Art besitzt weder Reißzähne noch

Klauen um sich Nahrung zu beschaffen. Die chemische Reaktion im Mund des Menschen ist basisch im Gegensatz dazu ist die Reaktion im Maul eines Raubtieres sauer.

Der Verdauungstrakt eines Menschen, also Magen und Darm, unterscheiden sich von denen eines Raubtieres in Form und Beschaffenheit, sind also nicht dafür geeignet Fleisch zu verdauen.

Die Vorstellung von gesunder Ernährung differenziert sich in den verschiedenen Kulturkreisen. Was jedoch oftmals übersehen wird, ist die Tatsache, dass die Stabilität der chemischen Zusammensetzung des menschlichen Organismus von der Beständigkeit der artgerechten Ernährung abhängig ist.

Ein Organismus verfügt über Selbstheilungskräfte sofern er sich die gebrauchten Nährstoffe aus der zugefügten Nahrung ziehen kann. Wird dem Darm Fleisch zugeführt so braucht dieser, unter hochkonzentrierter Säurenbelastung, etwa acht Stunden um es zu verdauen. Durch diese Belastung wird die Mikroflora des Dickdarms zerstört und dieser verliert damit seine Funktion. Der Dickdarm ist im Körper so platziert, dass er umliegende Organe wärmen kann. Er dient also als Heizkörper und produziert gleichzeitig essentielle Aminosäuren.

Sobald aber tierisches Eiweiß konsumiert wird geht der Körper davon aus, dass die Heizung „ausgeschaltet" ist und nun künstlich Hitze von der tierischen Nahrung im Darm ausgehen muss. Die Selbstregulation der Körperwärme funktioniert nicht mehr. Die Mikroflora wird zerstört und die Bildung von Krebszellen ist möglich.

Es wird behauptet der Mensch bräuchte eine kalorienhaltige Ernährung, um daraus seine Energie zu gewinnen.

Galina Schatalova argumentiert mit Beispielen aus der Tierwelt dagegen. Ein Yak, welches unter den harten Bedingungen des Hochgebirges lebt, frisst ausschließlich Gras. 3000 Meter über dem Meeresspiegel wächst Gras nur in seltenen Büscheln. Das Yak muss sich mit bescheidenen, kalorienarmen Ernährungsumständen zufrieden geben und behält trotz allem eine stattliche Figur sowie einen Fettgehalt von 12 Prozent in seiner Milch. Sein Organismus ist genau auf seine Nahrung abgestimmt und kann erforderliche Nährstoffe verwerten und umwandeln. Ebenso geht es dem Kamel, das sich überwiegend von der Kameldistel ernährt. Diese Pflanze enthält kaum Eiweiß, Fett oder Kohlenhydrate – und doch hält sie das Tier in der unwirtlichen Wüste am leben, ermöglicht es ihm Fett zu speichern und die enorme Körpermasse zu erhalten, und sie gibt dem Kamel ohne große Kalorienzufuhr seine Kraft und Ausdauer die es benötigt.

Der menschliche Organismus unterscheidet sich von den Fleischfressern, sowie von den Pflanzenfressern. Er wird darum in eine weitere Gruppe eingeordnet welche im Tierreich vertreten ist: die der Fruchtfresser. Zu seiner artgerechten Ernährung gehören Obst und Gemüse, Getreide, Samen, Knollen und Nüsse. (vgl. Schatalova, S.133ff.)

Jegliche andere Nahrungsmittel wie Milchprodukte, Fleisch, Süßwaren, usw. übersäuern den Organismus, entziehen ihm Mineralien und schwächen das Immunsystem. Zivilisationskrankheiten wie Gicht, Stoffwechselstörung, Bluthochdruck oder Krebs sind die Folge.

Gesundheit bedeutet für den Organismus, dass seine Zellen, Gewebe und Organe frei von Schlacken und die Mineralstoffdepots gefüllt sind. 50 Prozent des Körpers vieler Menschen bestehen heutzutage aus Schlacken.

Wird durch Nahrungsaufnahme eine Übersäuerung des Organismus hergestellt, dann schützt dieser sich durch die Bildung von Salzen, welche er mit Hilfe von Mineralstoffen und Spurenelementen aus organischen und anorganischen Säuren umwandelt, um nicht zu verätzen.

Diese Salze werden als Schlacken im Körper gespeichert und äußern sich sichtbar als Orangenhaut oder geschwollene Gelenke und Gliedmaßen. Unsichtbar können sie in Organen und Geweben bleiben und müssen mit Wasser, Kräutertees und disziplinierter Sorgfalt wieder ausgespült werden. Die Wenigsten bemühen sich allerdings.

Die Zivilisationsgesellschaft „gönnt" sich Genuss- und Suchtmittel wie Nikotin, Kaffee und Alkohol, sowie Colagetränke und Süßigkeiten um auf diesem Weg wieder zu Energie zu kommen. In Wirklichkeit wird dem Körper Energie entzogen und dafür Säure zugeführt.

Süßwaren und Fette müssen vom Körper durch Essigsäure verstoffwechselt werden. Kaffee und schwarzer Tee liefern Salzsäure und Gerbsäure. Der Konsum von Schweinefleisch und vielen Käsesorten bringt dem Körper Schwefel- und Salpetersäure. Auf Angst und Stress reagiert der Organismus mit der Produktion von Salzsäure und bei körperlicher Überanstrengung produziert der Körper linksdrehende Milchsäure. Mit Schmerzmitteln nimmt der Mensch zusätzlich Acethylsalizylsäure auf.

Vor all diesen Säuren muss der Körper sich schützen um nicht vergiftet zu werden, also verbraucht er die Mineralstoffe die er in Depots gelagert hält, um sie mit den Säuren zu verbinden, wobei die Schlacken entstehen.

Die Mineralstoffdepots in den Knochen, Zähnen, Nägeln, Gefäßen, Knorpeln, im Blut und im Haarboden müssen durch sauerstoffreiche, basische Nahrung wieder aufgefüllt werden um dem körperlichen Verfall vorzubeugen. Eine vegetarische Kost mit möglichst naturbelassenen Lebensmitteln und die ausreichende Aufnahme von sauberem Wasser und Sauerstoff tragen zur Gesundung des Körpers bei. (vgl. Jentschura und Lohkämper 2009, S.49ff.)

Zu den vitalstoffreichen, basenbildenden Lebensmitteln gehören unter anderem Kartoffeln, Gemüse, Knoblauch, Zwiebeln, Salate, kalt gepresste Öle, Kerne und Samen, Keime und Sprossen, Hirse, Rohkost und sonnengereifte Früchte.

Es gibt auch säurereiche Nahrungsmittel die jedoch basisch vom Organismus verstoffwechselt werden und dazu gehören z.B. Sanddorn, Rhabarber, Orangen, Zitronen, Ananas und Äpfel. Um einen gesunden Ausgleich zu schaffen sollte sich der Mensch zu 80 Prozent basisch und nur zu 20 Prozent säurehaltig ernähren. (vgl. Jentschura und Lohkämper 2010, S.132ff.)

„Mikroben sind nichts, der Nährboden ist alles"

(Claude Bernard)

4.1 Die Wirkung bestimmter Nahrungsmittel

Den meisten Verbrauchern mangelt es an Wissen. Würde mehr Aufklärung betrieben werden, könnte die Entscheidung bei einem Einkauf im Supermarkt vielleicht besonnener ausfallen. So wie auf der Zigarettenschachtel „Rauchen verursacht Krebs" steht, müsste auf der Packung des weißen Zuckers ebenso ein Vermerk sein: „Zucker verursacht Krebs".

Im Folgenden finden sich Fakten, die sich der Verbraucher vor Augen halten sollte. **Tumore ernähren sich von Zucker.**

Der Mensch isst heutzutage etwa 35,2 kg Zucker im Jahr. Industrieller, weißer **Zucker** befindet sich in sehr vielen Lebensmitteln, am meisten jedoch in Süßwaren, Kuchen, Fruchtjoghurt oder Limonaden. Um Zucker abzubauen verbraucht der Körper wichtige B-Vitamine und Mineralstoffe. Der Abbau erfolgt durch Vergärung – währenddessen entstehen Säuren, die Krebs auslösen können und Acetaldehyd, welches dem Körper lebenswichtige Enzyme und chemische Botenstoffe zerstört und die Leber schädigt.

Der Deutsche trinkt im Monat um die 15 Liter **Kaffee**, das sind am Tag etwa 0,5 Liter. Das enthaltene Koffein soll bei Energieverlust neue Kraft spenden und irrtümlicherweise die Konzentrationsfähigkeit steigern. Tatsächlich aber dockt Koffein im Großhirn an Rezeptoren an und fordert dort Energie aus dem Körper, was sich in Herzklopfen und schnellem Blutdruck äußert. Auf die lange Sicht sind durch die „gestohlene Energie" Konzentrationsmangel und Müdigkeit die Folge.

Zudem sind im Kaffee krebsauslösende Stoffe wie Methylglyoxal und Methylxanthin enthalten. Zwei Tassen pro Tag steigern die Entzündungswerte im Körper bereits erheblich.

Nachdem ein Tier getötet wurde geht dessen Organismus sofort in den Verwesungsprozess über. Da der Mensch von Natur aus kein Aas-Fresser ist, bereitet es dem menschlichen Organismus große Schwierigkeiten, Fleisch und dessen beinhaltenden Fäulnisbazillen zu verarbeiten.

Das amerikanische Institut für Volksgesundheit hat herausgefunden, dass ein Gramm Schweinefleisch 2,9 Millionen Fäulnisbazillen besitzt. Ein Gramm Rinderleber enthält 31 Millionen, Schweineleber 95 Millionen und Frischfleisch 120 Millionen Fäulnisbazillen. Getoppt wird diese Anzahl nur von einen Gramm Ei mit bis zu 220 Millionen Fäulnisbakterien.

Im Durchschnitt verzehrt der Deutsche 89 kg **Fleisch und Wurst** im Jahr, das sind nicht ganz 2 kg pro Woche. Eine Studie belegt, dass es im Gesundheitswesen zu Ersparnissen von bis zu 68,2 Milliarden Dollar kommen könnte, würde die Bevölkerung der USA auf fleischlose Kost umsteigen. (vgl. Ulmer, S.98ff.)

Neben diesen negativen „Genüssen" gibt es jedoch eine Vielfalt an Nahrungsmitteln die den menschlichen Organismus mit Stoffen versorgen, welche Gesundheit fördern und Krankheiten vorbeugen.

Knoblauch zum Beispiel wurde bereits vor 5000 Jahren in Zentralasien angebaut und gleichermaßen als Nahrungs- wie auch als Heilmittel verwendet. Dieses Gemüse gehört, wie auch Zwiebeln und

Lauch, zur Allium-Familie und besitzt große Mengen an Allicin, welches im Körper umgewandelt wird in Moleküle wie z.B. Diallylsulfid (DAS) und Diallyldisulfid (DADS).

Die biologische Aktivität dieser Moleküle schützt den Organismus vor krebsauslösenden, chemischen Verbindungen wie z.B. Nitrosaminen, welche aus Nitriten, also Konservierungsstoffen in Lebensmitteln, gebildet werden.

DAS-Moleküle greifen Tumorzellen direkt an und zerstören diese durch Apoptose (gezielte Zellvernichtung durch den Organismus). DAS ist also eine große Hilfe bei der Zerstörung von Krebszellen die auf chemotherapeutische Maßnahmen nicht reagieren.

Leider ist in der westlichen Gesellschaft **Soja** als Nahrungsmittel nicht sehr verbreitet. Es besitzt wichtige Isoflavonoide die ähnliche Eigenschaften aufzeigen wie die menschlichen Sexualhormone. Das Tumorwachstum von hormonabhängigen Krebsarten wie Brust- und Prostatakrebs hängt hauptsächlich vom Spiegel der Sexualhormone im Blut ab. Dieser Spiegel ist wiederum abhängig von der Zufuhr tierischer Fette und dem daraus resultierenden Übergewicht. Wird regelmäßig Soja konsumiert so besetzen die Isoflavonoide die Rezeptoren an denen normalerweise die Sexualhormone andocken und verringern somit das Krebsrisiko. Da Soja im Osten zum täglichen Verzehr gehört, erklären sich auch die geringeren Hormonkrebserkrankungen im asiatischen Raum.

Eine weitere Quelle krebshemmender Stoffe sind vor allem **Erd-, Heidel- und Himbeeren**, da sie über große Mengen an sekundären Pflanzenstoffen verfügen. Diese Polyphenole hindern Zellgifte daran die DNS anzugreifen und stören das Wachstum von Tumoren. Zudem spielt die antioxidative Wirkung von Beeren eine große Rolle in der Krebsprävention.

Die phytochemischen Wirkstoffe in **Zitrusfrüchten**, wozu auch viele verschiedene Polyphenole gehören wirken im menschlichen Organismus entzündungshemmend und entgiftend. Bekannterweise enthalten sie auch eine große Anzahl an Vitaminen und Mineralstoffen die den Körper versorgen und das Immunsystem stärken.

Ein weiteres Wundermittel in der Nahrung und bereits mindestens 6000 Jahre alt, ist die Kohlfamilie. Schon Hippokrates bezeichnete den **Kohl** als „Gemüse mit Tausend Tugenden".

Kohlgemüse enthält eine hohe Konzentration an Glucosinolaten, die beim Kauen antikarzinogene Wirkstoffe freisetzen. Vor allem Weiß- und Rotkohl, Brokkoli, Rosenkohl und Kresse besitzen einen großen Anteil an krebshemmenden Molekülen und sollten nur kurz gekocht und möglichst gut gekaut werden, damit sie ihre Wirkung voll entfalten können.

Es ist bekannt, dass Vitamine und Mineralstoffe die in Obst und Gemüsen enthalten sind lebenswichtig für die Gesundheit des Menschen sind. Eine wichtige Schlüsselrolle spielen jedoch auch die eben aufgezeigten sekundären Pflanzenstoffe die mit ihren hochwirksamen Eigenschaften Gesundheit fördern und Krankheiten wie Krebs vorbeugen und bekämpfen. (vgl. Béliveau und Gingras, S.119ff.)

4.2 Nahrungsmittel vs. Nahrungsergänzungsmittel

Vitamine und Mineralstoffe in natürlichen Nahrungsmitteln sind niemals isolierte Stoffe. Sie hängen grundsätzlich in chemischen Reaktionen mit sekundären Pflanzenstoffen zusammen, wie die erwähnten Polyphenole oder Isoflavonoide.

Der Körper zersetzt die Nahrung in Moleküle und verstoffwechselt sie.

Bei dem Gebrauch von Nahrungsergänzungsmitteln funktioniert es nicht ganz so. Durch Vitaminpräparate werden dem Organismus einzelne, von sekundären Stoffen isolierte Vitamine zugeführt.

Die Vorstellung, einen einzelnen krebshemmenden Wirkstoff in hochdosierter Form zu verabreichen und damit Gesundheit zu erzeugen, ist jedoch falsch. Oft ist das Gegenteil der Fall.

Einzelne Wirkstoffe wie z.B. das Genistein aus Soja oder das Resveratrol in Trauben hindern, stoppen oder zersetzen Krebszellen in jeweiligen Stadien des Wachstumsprozesses. Jedoch nur in Verbindung mit weiteren in den jeweiligen Lebensmitteln enthaltenen Molekülen. Entscheidend für die Wirkung von Nahrungsmitteln auf den Körper ist deren chemische Vielfalt, welche bei einem Vitaminpräparat nicht gegeben ist. (vgl. Béliveau und Gingras, S.294ff.)

„Alle Substanzen sind Gifte; es gibt keine die kein Gift wäre. Allein die richtige Dosis unterscheidet das Gift vom Heilmittel."

(Paracelsus)

5. Bewusstsein und Identität

Das Bewusstsein für den eigenen Körper hat sich verändert. Der zivilisierte Mensch nimmt seinen Körper erst dann wirklich wahr wenn er krank ist und geheilt werden muss. Oft jedoch selbst dann nicht.

Im Vordergrund steht heutzutage der Nutzen in der Gesellschaft, Selbstverwirklichung und Status. Die Familie und der Einzelne selbst bleiben auf der Strecke, meist ohne sich dessen bewusst zu sein.

Der Blick in den Spiegel wird ersetzt durch den Blick auf die Uhr. Gemeinsame Mahlzeiten zu Tisch werden ersetzt durch Fast Food im Auto, im Stehen oder nur kurz zwischendurch.

Es ist kaum Zeit sich körperlich und geistig dem schnellen Wandel der Gesellschaft, der Wirtschaft und der globalen Aktivität anzupassen. Wer zu langsam ist verliert den Anschluss, wer zu schnell ist verliert sich selbst. Identität sollte in Zukunft stärker an die eigene Person gebunden werden – an Talent, Leidenschaft und Bedürfnis. An das Leben als besondere Lebensform, der Mensch.

Emotionen, Gesundheit und natürliche Intelligenz sollten im Vordergrund stehen. Der Mensch müsste aufhören seine Identität gänzlich in gesellschaftlichen und kulturellen Merkmalen zu suchen. Nicht umsonst gibt es außerordentlich viele Geisteskrankheiten, die sich wiederum psychosomatisch auf den Körper auswirken können.

Ausgeglichenheit und Harmonie im Organismus, in der Gesellschaft, auf der Welt – könnte herrschen sobald der Einzelne zu sich selbst und seinem natürlichen Ursprung zurückfindet.

6. Resümee

Um gesund zu leben muss sich der moderne Mensch dem industriellen Massenwahn entziehen. Wir haben die Nahrung die wir brauchen aber leider erkennen wir sie nicht als solche oder sie wird genmanipuliert und prozessiert bis ihre nahrhaften Inhaltsstoffe verschwunden sind.

Es mangelt an Wissen und Aufklärung, aber auch an Zeit, Geld und Interesse. Bequemlichkeit treibt die Menschen zu den Regalen mit den Fertiggerichten. Aus Stress und Frust gönnt man sich Süßwaren oder Suchtmittel.

Bei nachfolgender Krankheit verschreibt der Arzt Antibiotika gegen die offensichtlichen Symptome und um seinem Körper Vitamine zuzuführen gibt es in der Apotheke künstliche Vitaminpräparate.

Schaut man sich in seiner Umgebung um, wimmelt es von Personen mit Krebserkrankungen. Krebs hat die Tendenz einer chronischen Krankheit die nur bekämpft werden kann, wenn der Betroffene seinen Lebensstil radikal ändert.

Solange es dem Menschen gut geht macht er sich wenig Gedanken über seinen Lebensstil. Solange der Körper funktioniert wird kein Tun und Handeln in Frage gestellt. Wir essen Unmengen von Fleisch,- Teig- und Süßwaren, was uns regelrecht süchtig macht und verzichten dafür überwiegend auf Obst, Gemüse und andere natürliche Lebensmittel.

Wie gut, dass der menschliche Körper so anpassungsfähig ist, denn er versucht sich immer wieder neu zu organisieren um weiterhin Denkleistung, Kraft und Ausdauer, gute Laune und Konzentration zu erbringen.

Stellen Sie sich einmal vor, was Ihr Körper tagsüber alles leistet.

Ihre Füße tragen Sie oft kilometerweit.

Ihre Hände leisten grandiose Handwerksarbeit.

Ihr Kopf kombiniert, erfasst, kommuniziert und macht vieles mehr. Hinter den Kulissen arbeiten Ihre Organe wie ein Kraftwerk, rund um die Uhr, um Sie am Leben zu erhalten.

Sie filtern, spülen, wärmen, schleusen und pumpen.

Ihr Organismus arbeitet autark – und doch braucht er Ihre Unterstützung. Dazu gehören u.a. die ausreichende Zufuhr an Sauerstoff, Wasser, Vitaminen, Mineralien, usw.

Niemand fährt mit einem leeren Tank zur Arbeit, das Frühstück jedoch ist für viele Menschen überflüssig.

Ihre Muskeln möchten regelmäßig gestärkt und die Sehnen gedehnt werden. Gelenke möchten beweglich und Venen elastisch bleiben.

Wir haben uns um einiges zu kümmern, aber tun wir das auch?

Bevor ich die Diagnose Krebs erhielt, habe ich mich reichlich wenig um die Belange meines Körpers gekümmert.

Ich schlief zu wenig und konsumierte dafür zu viel Zucker und Alkohol.

Beim Einkauf griff ich zu den billigsten Lebensmitteln und erwarb stattdessen teure chemische Nahrungsergänzungs-mittel.

Ich bewegte mich nur unregelmäßig, weshalb auch meine Blut- und Stoffwechselkreisläufe nur minderwertig funktionierten.

Erst während der Chemotherapie fiel mir auf, dass der Großteil der Gesellschaft (und zwar vor allem der kranken Gesellschaft), genau wie ich, sich wenig Gedanken über ihre Ernährung und Lebensweise machte.

Als ich während der Stunden im Chemozimmer andere Patienten kennenlernte und ihr Verhalten beobachten konnte, wurde mir klar, dass ich mir nur selbst helfen kann wenn ich etwas ändere.

Erschrocken sah ich z.B. Darmkrebspatienten, die sich als Stärkung für den Tag der Behandlung Weißbrot mit Nutella und Limonade mitbrachten. Sie meinten, es wäre alles gut so, denn der betroffene Darmteil wäre ja herausgeschnitten und der Krebs sei nun fort.

Dass die Krankheit mit der Art und Weise der Ernährung zusammenhängen könnte kam ihnen nicht in den Sinn.

Genau das motivierte mich diese Arbeit zu schreiben.

Ich wollte wissen was ich selbst in der Hand habe, was ich tun könnte um meinem Körper zu helfen wieder gesund zu werden!

Viele Patienten sagten mir im Gespräch es gäbe nichts, was man tun könne.

Entweder man hätte es in sich oder nicht.

Es läge an den Genen.

Der liebe Gott entscheide darüber.

Daran glaube ich nicht!

Der Kampf mit dem Krebs bedeutet Selbst-Bewusstsein und Disziplin zu erlernen, Bequemlichkeit und schlechte Gewohnheiten abzulegen.

Ich will Eigenverantwortung übernehmen, ich will für das Leben kämpfen!

Natürlich gibt es zahlreiche, individuelle Möglichkeiten zu erkranken.

Und natürlich gleicht kein Mensch dem anderen auf identischer Weise in biologischer Beschaffenheit oder physischer und psychischer Kraft und Ausdauer.

Es existieren keine spontanen Wunderheilmittel und es ist unmöglich den einen absoluten Ratschlag zu erteilen. Worauf es wirklich ankommt ist, dass wir Menschen wieder sensibler für unsere natürlichen Bedürfnisse werden. Dass wir registrieren was uns schadet und wir die nötige Disziplin besitzen diese Dinge abzuschaffen. Seien es Stress-Situationen, Süchte, Genussmittel oder sogar Freunde die uns negativ beeinträchtigen.

Eine gesunde Ernährung, die uns im Alltag aufpäppelt und unser Immunsystem stärkt, muss nicht unbedingt teuer sein, man muss sich nur damit beschäftigen. Es ist unnötig sich ausschließlich von Bioprodukten oder aus dem Reformhaus zu ernähren.

Wenn wir uns etwas Zeit nehmen entdecken wir andere Wege.

Zum Beispiel kann selbst die Fensterbank zum Kräutergarten werden, der Balkon zum kleinen Gemüsebeet. Am Fenster im Wohnzimmer könnte ein Obstbäumchen stehen.

An den Straßenrändern stehen im Sommer oft viele Obstbäume die niemand erntet. Warum also nicht immer einen Beutel im Auto haben, um einige Früchte aufzusammeln?

Die Natur versorgt uns reichlich. Im Wald wachsen Pilze und auf Wiesen wuchern Pflanzen für Salat oder Tee. Wilde Sträucher und Hecken tragen Früchte die gern geerntet werden möchten. Bei einem Spaziergang im Grünen kann man viel entdecken, garantiert auch in Ihrer Umgebung.

Selbst kochen oder eigene „Lebens"mittel herzustellen ist zudem nicht schwer und dauert auch nicht lang. Es gibt vielerlei Literatur für vegetarische und vegane Rezepte, seien es herzhafte oder süße Speisen. Es handelt sich nur um Gewohnheiten, die man in seinen Alltag integrieren muss.

Wie viele Gewohnheiten hat der Mensch?

Und wie viele davon sind gut für uns?

Man kann sich mit der Zeit – bewusst - gute Gewohnheiten aneignen!

Entgiftung des Körpers, dessen Reinerhaltung und das Auffüllen der Depots durch die Nahrungsmittel, die auf meinen Organismus abgestimmt sind, sind meine Ziele und Wegweiser in eine lebendige, gesunde Zukunft.

„Es hat keinen Sinn, den Weg der Symptombekämpfung zu beschreiben, wie ihn der moderne Arzt von heute geht, um zur Gesundheit zu gelangen.

Wir müssen einen vollkommen anderen einschlagen, der nicht von der Krankheit, sondern von der Gesundheit ausgeht."

(Dr.med.F.Becker)

Quellenangaben

Béliveau, Richard & Gingras, Denis: Krebszellen mögen keine Himbeeren. Nahrungsmittel gegen Krebs. Das Immunsystem stärken und gezielt vorbeugen, Goldmann Verlag, München 2010

Carson, Rolf: Zukunftschance Gesundheit, Günther Albert Ulmer Verlag, 3. Aufl., Tunningen 2009

Jentschura, Peter & Lohkämper, Josef: Gesundheit durch Ent-schlackung, Peter Jentschura Verlag, 16. Aufl., Münster 2009

Jentschura, Peter & Lohkämper, Josef: Zivilisatoselos leben – frei von den Zivilisationskrankheiten unserer Zeit, Peter Jentschura Verlag, 4. Aufl., Münster 2010

Schatalova, Galina: Wir fressen uns zu Tode, Goldmann Verlag, 6. Aufl., München 2002

Ulmer, Günther Albert: Krebs unser Schicksal?, Günther Albert Ulmer Verlag, Tunningen

http/:www.bewusst-sein.net/themen/elemente_akkupunktur.php

Zugriff am 15.09.2010

http/:www.calsky.com/lexikon/de/txt/j/ja/ja_ger_und_sammler.php

Zugriff am 15.09.2010

http/:www.garten-sonnenuhr.org/verschiedene-gartenformen/die_klostergaerten-und-ihre-geschichte.html

Zugriff am 15.09.2010

http/:www.krebs-wegweiser.de/krebs-wegweiser/organisieren.html

Zugriff am 17.09.2010